PHOTOMICROGRAPHIE

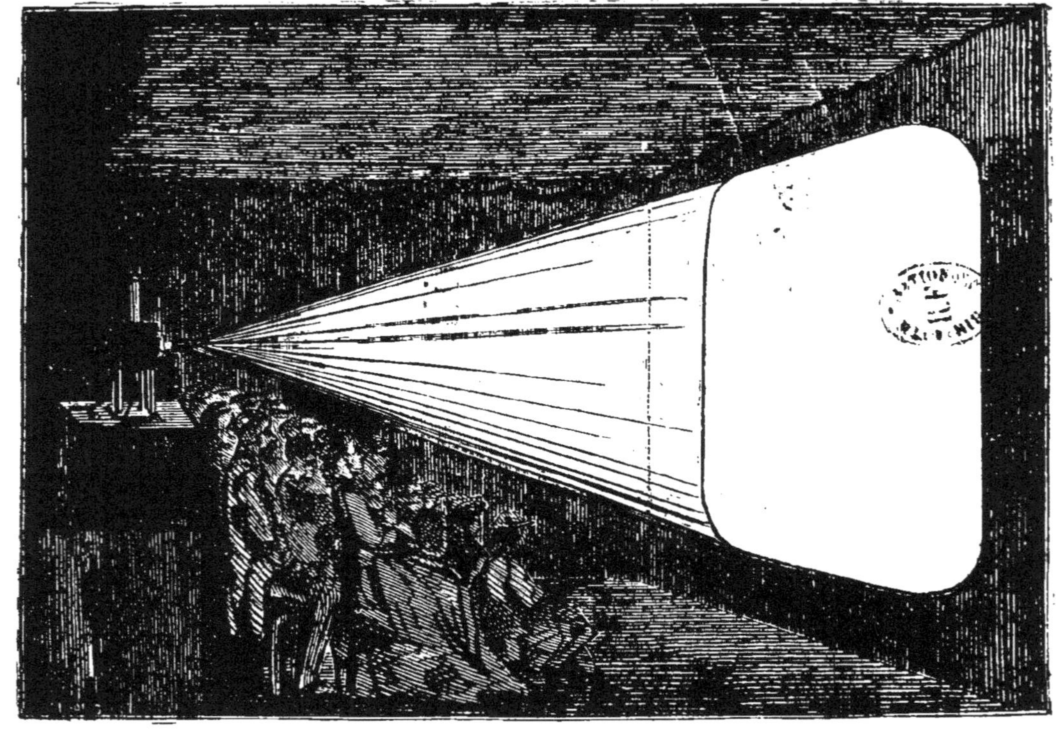

PROJECTIONS PHOTOMICROGRAPHIQUES.

ACTUALITÉS SCIENTIFIQUES
PUBLIÉES PAR M. L'ABBÉ MOIGNO.

NOUVELLE SÉRIE
COURS DE SCIENCE ILLUSTRÉE
N° 2

PHOTOMICROGRAPHIE

EN CENT TABLEAUX POUR PROJECTION

TEXTE EXPLICATIF

Par M. Jules GIRARD

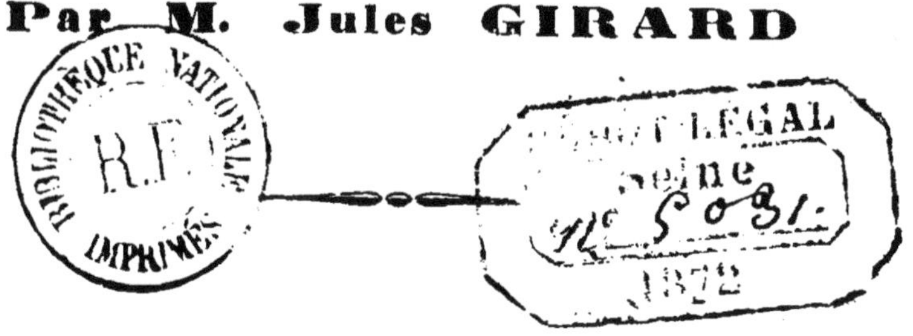

PARIS
AU BUREAU DU JOURNAL *LES MONDES*
11, RUE BERNARD PALISSY
ET CHEZ M. GAUTHIER-VILLARS, IMPRIMEUR-LIBRAIRE
55, quai des Grands-Augustins

1872

PRÉFACE

Ce petit volume servira de texte à l'un des cours illustrés de mes Salles du Progrès dont je trace ici le programme.

F. Moigno.

SALLES DU PROGRÈS

SOIRÉES ET MATINÉES DE SCIENCE ILLUSTRÉE.

J'ai donné à mes salles le nom de *Salles du Progrès*, parce que leur but principal est : de promouvoir, sous toutes ses formes, le progrès réel et bienfaisant ; de donner le plus grand et le plus prompt essor possible aux inventions et aux découvertes de la science et de l'industrie, expressions les plus vivantes du progrès ; de combattre énergiquement les deux ennemies inexorables du progrès, des découvertes et de l'invention, l'ignorance qui les tue dans leur germe ou les tient plongées dans le néant, la routine que leur oppose le cercle infranchissable de l'inertie.

Paris et les grandes villes vont multipliant sans

cesse sous les pas de leurs habitants les moyens de dépenser, en dehors du foyer domestique, dans les Cafés-Concerts, une somme de 1 fr. 50 à 2 fr., le pain sacré de la famille, au sein d'une atmosphère nauséabonde, agitée par les vents de toutes les mauvaises passions, sans qu'il leur soit possible, même en payant plus cher encore, de rencontrer un seul asile où ils puissent, en se reposant des fatigues du jour, se récréer à la fois et s'instruire.

C'est ce vide homicide que je veux combler, c'est à ce fatal abandon que je veux suppléer.

Instruire et récréer, c'est tout le programme des Salles du Progrès.

Le seul moyen efficace d'instruction est la mise sous les yeux, par des expériences ou par des tableaux vivement éclairés, de tous les faits de la nature, de la science, de l'industrie et des arts.

En outre des expériences faites avec les instruments les plus perfectionnés, l'illustration de chacune des branches des Siences et des Arts appellera donc à son aide une série de tableaux reproduits ou par l'impression ou par la photographie sur verres transparents et projetés à la lumière électrique ou oxhydrique sur un vaste écran visible de toutes les parties de la salle.

Le rôle du démonstrateur, exercé et spécial, sera d'animer, de décrire, de commenter l'expérience ou le tableau mis sous les yeux des auditeurs aussi clairement et aussi succinctement que possible.

Voici l'énumération rapide des branches des sciences pures et appliquées qui seront tour à tour illustrées par expériences ou par tableaux.

SCIENCES MATHÉMATIQUES ET PHYSICO-MATHÉMATIQUES. Arithmétique. Géométrie. Mécanique Physique : Statique; Cinématique; Dynamique; Balistique; Hydrostatique ; Hydrodynamique ; Aérodynamique.

SCIENCES PHYSIQUES. Acoustique. Thermique. Electricité. Magnétisme. Météorologie. Chimie.

SCIENCES COSMIQUES. Astronomie Physique. Cosmographie. Géographie.

SCIENCES NATURELLES. Minéralogie. Géologie. Paléontologie. Botanique. Zoologie. Anatomie générale et comparée. Anthropologie. Ethnologie et Ethnographie. Zootechnie. Hippologie, etc.

SCIENCES MÉDICALES. Hygiène. Clinique médicale. Clinique chirurgicale.

Sciences de la forme ou Beaux-Arts. Dessin. Peinture. Sculpture. Architecture.

Sciences appliquées ou pratiques. Arts industriels.

Arts naturels : Agriculture, Horticulture. — *Arts mécaniques* : Filature, Tissage, etc. — *Arts physiques* : Céramique, Verrerie, etc. — *Arts chimiques* : Métallurgie, Teinture, Sucreries, Distilleries, Amidonneries, etc.

Sciences historiques. Histoire générale. Histoires particulières. Archéologie. Biographie, etc.

Ces sciences illustrées seront passées successivement en revue chaque année ; et l'avantage incomparable de ce mode de démonstration est que chaque tableau, complet par lui-même, n'exige en aucune manière ceux qui ont précédé ou qui suivront : ce seront des soirées qui n'imposeront pas une présence de tous les jours plutôt que des leçons.

L'ignorance en France, il faut bien le dire, s'étend à tout, à la littérature et à la musique, comme aux sciences et aux arts ; le programme de nos soirées, dont la règle générale est l'utile et l'agréable, l'instruction et la récréation, s'étendra donc dans le domaine des belles-lettres et de la musique à ce qu'elles ont d'essentiel, à ce qu'il n'est permis à personne d'ignorer. En outre, et c'est une condition essentielle d'initiation, tous les morceaux chantés ou joués seront signalés par une annonce lumineuse ou orale.

Voici notre programme, monotone dans sa forme, varié à l'infini dans le fond :

Programme des soirées de tous les jours.

1° *Ouverture musicale* jouée sur l'orgue, l'harmonium ou le piano; résumé des pièces, *opéras ou opérettes*, qui sont considérées universellement comme des chefs-d'œuvre. Il résultera de cette audition successive une première initiation à la mélodie et à l'harmonie du monde entier.

2° *Revue des nouveautés*. Enumération avec modèles, expériences ou tableaux projetés à la lumière électrique ou oxhydrique, et description orale des découvertes et inventions du jour.

2° *Démonstration de science illustrée*, d'une heure environ.

5° *Intermède* d'un quart d'heure au plus. Chant d'un grand air, ou déclamation d'un morceau de prose ou de poésie, choisis parmi les chefs-d'œuvre de la littérature ou de la musique, et formant des recueils imprimés.

5° *Revue d'histoire ou de géographie*. S'aidant de la projection d'un certain nombre de tableaux, un démonstrateur ou causeur exercé fera passer sous les yeux des spectateurs, avec les explications nécessaires et suffisantes, tantôt les lieux mémorables ou les beaux sites d'une contrée célèbre ou pittoresque, d'une station d'eaux ou de bains, etc.; tantôt les portraits des hommes illustres; tantôt enfin les plus belles œuvres de la peinture, de la sculpture, de l'architecture.

6° *Bouquet*. On terminera par quelques *jeux d'optique*, fantascope, chromatrope, éidotrope, etc.

7° *Sortie*. On jouera un des airs ou chants nationaux des divers peuples.

Soirées du Dimanche.

—

Le dimanche, la démonstration de science ilstrée aura pour sujet les merveilles de la création ; les leçons, les beautés, les harmonies de la nature ; l'accord, constaté par les faits, de la révélation et de la science, de la foi et de la raison. Elle sera suivie d'un concert religieux comprenant quelques-uns des chefs-d'œuvre de la musique sacrée, ancienne et moderne.

Les Salles du Progrès devront pouvoir contenir au moins 400 personnes pour que le prix des places soit le moins élevé possible, et qu'on puisse mettre chaque jour un certain nombre de billets à la disposition des Sociétés de secours mutuels ou des Œuvres paroissiales et communales. On fera de temps en temps pour les classes ouvrières des séances entièrement gratuites, ou dont les frais seront supportés, soit par l'administration de la salle, soit par quelque ami généreux du progrès.

Les séries de tableaux, de 50 à 100 pour chaque science illustrée, seront réunies dans une boîte spéciale, accompagnée d'un livret ou album renfermant, avec la photographie ou gravure sur papier du tableau, sa description, de telle sorte qu'en l'absence d'un professeur exercé l'enseignement illustré puisse être donné par un préparateur et un lecteur intelligents. Les boîtes de tableaux et les livrets seront mis, avec un léger bénéfice au profit de l'établissement-mère, à la disposition de ceux qui, à Paris, en province, ou à l'étranger, voudront suivre mon exemple et organiser des cours illustrés.

Matinées scientifiques.

Consacrées à l'instruction attrayante de classes particulières de la société, les jeunes filles et les jeunes garçons, les aspirantes et les aspirants au brevet d'instituteurs et d'institutrices, les élèves d'un lycée, d'un collége, d'une institution, ou d'un séminaire, les petits enfants, etc., elles auront leur programme particulier.

La collection de ces épreuves positives sur verre se trouve chez MM. LACHENAL, FAVRE et Cie, 72, boulevard Sébastopol, et au bureau des *Mondes*, 11, rue Bernard-Palissy.

Prix de chaque épreuve : 1 fr. 50 c.

Fig. 1. — Grand modèle de microscope anglais de M. Thomas Ross

LA PHOTOMICROGRAPHIE

ILLUSTRÉE

PAR CENT TABLEAUX POUR PROJECTIONS

Naturam nusquam magis,
quam in minimis tota est. »
(PLINE)

I. — NOTIONS PRÉLIMINAIRES.

Le microscope solaire était anciennement une des plus curieuses expériences de physique, il semblait faire faire pénétrer dans des mondes étranges inconnus à la science. Le microscope à gaz oxhydrique nous a également émerveillés par ses représentations des infiniment petits. Il a été détrôné par le microscope photo-électrique qui atteint des grossissements bien supérieurs.

On projette avec ces instruments des préparations disposées sur verre, et introduites devant le très-petit objectif microscopique qui forme les images. Il résulte du faible diamètre de ces lentilles et de l'opacité quelquefois très-forte du sujet, que la lumière le pénètre difficilement. L'éclairage étant notablement diminué, la projection est limitée à un développement très-circonscrit.

En outre tous les objets ne sont pas susceptibles de donner de bonnes images, dans cette projection directe ; les objets non-transparents ou épais se laissent difficilement repré-

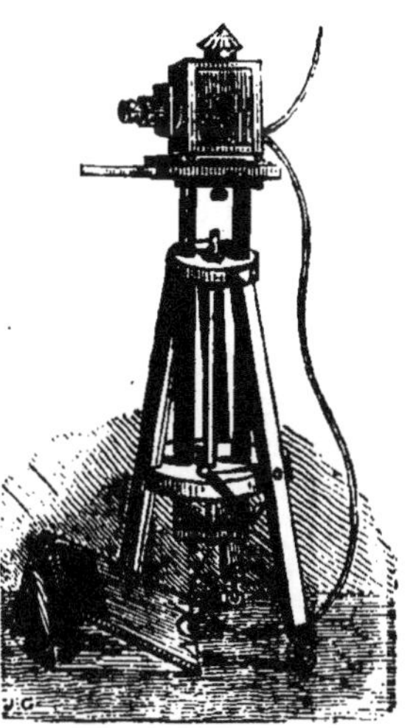

Fig. 2. — Lanterne pour les projections à la lumière oxhydrique, montée sur pied mobile et munie du sac à gaz oxygène.

senter. Il faut aussi faire entrer en ligne de compte les altérations inévitables causées par la chaleur que les préparations subissent au foyer des objectifs. Contenues dans des liquides, collées au baume, ou très-déliquescentes par elles-mêmes, elles sont fatalement brûlées et perdues, si l'exposition dure quelque temps avec une lumière vive.

Ces obstacles sont facilement surmontables par la photomicrographie ; l'agrandissement des vrais infiniment petits gagne ainsi énormément. Si pour les objets qui sont incapables de supporter un fort grossissement, on a quelquefois intérêt à les projeter directement, sans avoir recours à la photographie, il est plus prati que d'en faire d'abord une épreuve destinée à la lanterne. La projection prend alors des dimensions beaucoup plus grandes, puisque l'amplification première est soumise à un second agrandissement. D'ailleurs, l'image que l'on place sous le regard des spectateurs est toujours d'une vérité incontestable, puisque la lumière qui l'a seule traduite ne saurait dénaturer les merveilles de délicatesse des charmantes conceptions et des délicats travaux de la nature.

Fig. 3. — Appareil photomicrographique monté dans un cabinet obscur servant de laboratoire.

On obtient la photographie des sujets infiniment petits en combinant la chambre noire avec le microscope. Cette combinaison se fait de différentes manières, mais la plus simple et la plus pratique est celle qui consiste à adapter un microscope ordinaire inclinant sur la tête d'une chambre noire. On les place tous deux sur une table près d'une fenètre qui reçoit le soleil pendant une partie notable de la journée. Les rayons solaires sont renvoyés par le miroir de l'instrument à travers l'objectif et la préparation du sujet à reproduire. Le reste des opérations photographiques se fait comme dans les procédés ordinaires. Il faut de toute nécessité choisir des sujets qui puissent faire atteindre, par leur nature même, une grande perfection de détails, car la lumière ne peut accuser que ce qu'on lui présente; et elle est parfois même assez brutale. Les plus petites défectuosités sont grossies par le microscope et sont irrévocablement fixées sur l'épreuve.

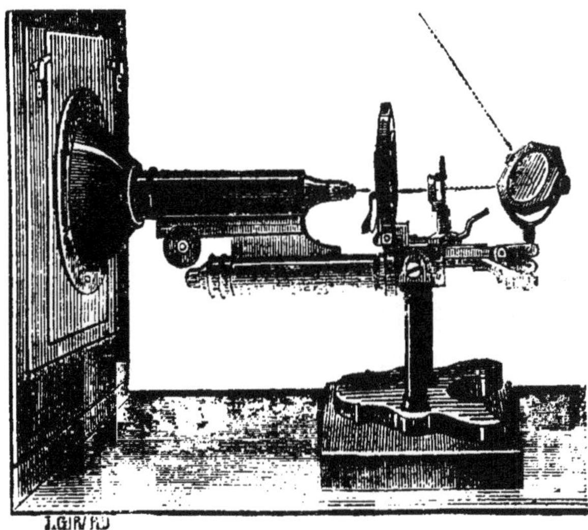

Fig. 4. — Microscope inclinant adapté à la chambre noire.

Le négatif d'un objet microscopique agrandi sert à donner un positif sur verre pour la projection à la lanterne. Il ne peut être lui-même d'aucun usage puisqu'il est le contraire de l'image : ce qui est noir apparaît blanc et ré-

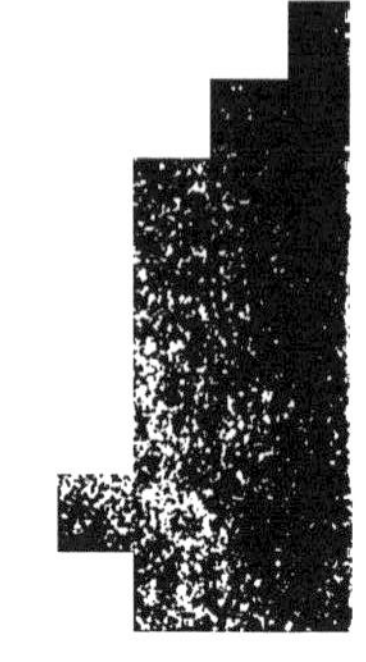

ciproquement; de plus il est développé dans des conditions qui sont tout à fait impropres à produire la transparence nécessaire. Le positif et le négatif sont cependant intimement dépendants l'un de l'autre. On ne ferait pas un bon positif avec un mauvais négatif.

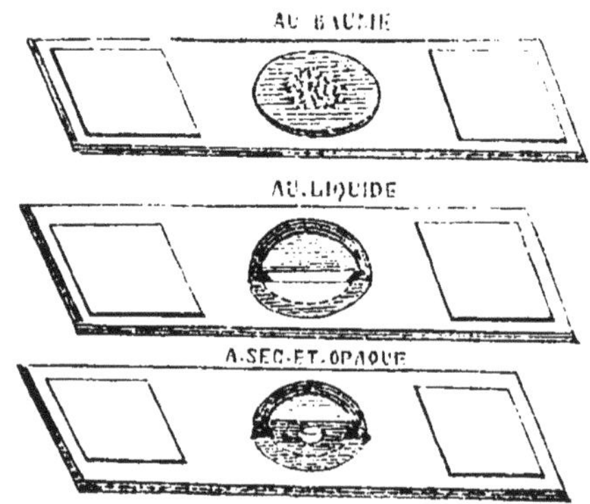

Fig. 5. — Principales catégories de préparations microscopiques à l'aide desquelles on obtient les épreuves positives sur verre.

La couche sensible dont on recouvre le verre du positif, destiné à être tiré, consiste en albumine, laquelle, quand elle est sèche, est appliquée derrière le négatif. Ce procédé, qui exige une certaine habitude de manipulation, est celui qui donne la meilleure transparence. On doit éviter les noirs trop intenses qui empêcheraient la lumière de passer, et favoriser d'autre part les détails délicats qui réclament un *fouillé* prononcé. Une teinte douce dans l'effet général, avec un fond bistré, est préférable aux contours trop durs. On évite ainsi l'empâtement qui est un grand préjudice à la pureté des projections. Les fonds ont besoin d'être aussi translucides que le verre lui-même.

Quand le positif est terminé, on e recouvre d'un verre mince, protecteur de la couche qui contient l'image; les deux verres sont réunis au moyen d'une bandelette de papier. Le modèle commercialement adopté est le format demi-stéréoscope (0,085 sur 0,100). Au moment de la démonstration, on les introduit dans des châssis en bois pour avoir une plus grande facilité de les manier et plus de sécurité dans *leur conservation*.

Tous les sujets d'anatomie animale ou végétale ne sont pas également reproductibles pour être projetés. L'examen microscopique est très-différent des qualités requises pour la photographie. Une vue imparfaite est quelquefois suffisante pour permettre une bonne interprétation, quand

Fig. 6. — Table de micrographe avec les instruments.

l'attention supplée au défaut de forme. Mais pour offrir une image destinée à être agrandie à la lanterne, l'opérateur se trouve en face de certaines difficultés d'opacité, de relief des corps, de colorations, qui sont insurmontables. Aussi cette nomenclature explicative, disposée avec une apparence de classification, ne présente que des exemples pris dans des conditions photographiques acceptables; les sujets choisis sous cette obligation n'ont aucune disposition qui soit coordonnée pour un enseignement suivi. Ils ne peuvent pas non plus comporter un grossissement déterminé, puisqu'il est variable suivant l'éloignement de l'écran et la dimension de l'objectif.

II. — Objets microscopiques d'origine animale.

1. *Sang humain et sang de Salamandre.* — Soumis au microscope, le sang n'est pas ce liquide coloré qui se caille au contact de l'air, il présente une infinité de globules. Quand il est frais, ces corpuscules sont, en quelque sorte, empilés les uns sur les autres; ce chapele se détache au bout de quelque temps, et ils sont rendu indépendants. Le sang des animaux contient des corpuscules qui sont tantôt sphériques comme ceux-ci, et tantôt affectent des formes différentes. Ainsi une goutt du sang de salamandre a été mise à dessin en regard, pour montrer la différence. Ses corpuscules sont allongés, de forme ellipsoïdale, avec une matière amorphe au centre. Le grossissement est le même pour les deux, afin d'établir le rapprochement d'une manière plus appré-

ciable. L'examen microscopique du sang est pour la médecine un précieux diagnostic, permettant d'apprécier la composition normale de ses éléments constitutifs. Pour le préparer, il suffit d'en mettre une goutte sur le porte-objet et de le recouvrir ensuite d'un verre mince après dessiccation.

2. *Coupe transversale d'une dent molaire.* — On divise la dent en deux parties : la supérieure, qui est le corps ou couronne, et l'inférieure, la racine. Le corps est composé de l'émail qui peut être considéré comme l'écorce de la dent par sa situation extérieure. La partie interne est appelée os dentaire ; l'émail est d'une composition cristalline prismatique dont la base repose sur l'os dentaire; on regarde l'émail comme étant formé de matières salines, surtout de phosphate calcique et de phosphate magnésique. Cette coupe très-mince est prise à l'endroit où commence la racine ; au centre, la petite perforation dont chacune des branches radicales est pourvue était occupée par une pulpe molle. Autour, la matière osseuse qui forme la dent est composée de radiations analogues aux rayons médullaires dans les végétaux ; l'émail est distinct et enveloppe chaque section comme d'une écorce.

3. *Coupe d'un fanon de baleine.* — Les bords de l'immense cavité qui constitue la bouche de la baleine renferment des tiges nombreuses, dont la propriété élastique est utilisée fréquemment dans certaines fabrications. Cette coupe présente deux parties distinctes : un faisceau central osseux, rempli de cavités, avec les bords garnis d'un tissu cartilagineux plus épais ; ensuite les bords de la tige qui, de chaque côté, ont la même apparence de

texture homogène. La difficulté photomicrographique, dans ces sections des organes semi-opaques, consiste à

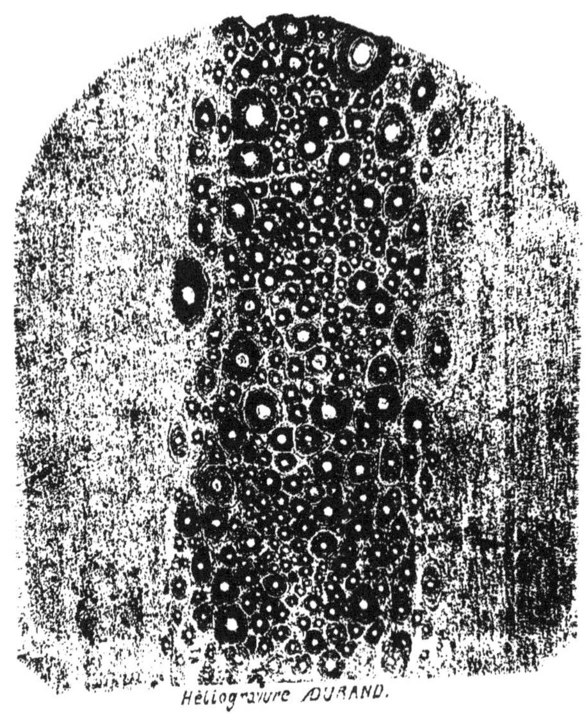

Fig. 7. — Spécimen de reproduction d'objet demi-opaque.
(Coupe d'un fanon de baleine.)

couper le corps en tranches, ni trop épaisses, ni trop minces ; dans le premier cas, la lumière ne peut passer et exprime mal le sujet ; dans le second, la trop grande diaphanéité dénature le caractère de la structure interne.

4. *Tissu épidermique de la vessie de grenouille.* — La grenouille sert fréquemment dans les études histologiques à cause de la facilité qu'elle offre pour la dissection. Cette

membrane est recouverte de vaisseaux sanguins et de fibres qui ne seraient pas mis en évidence d'une manière suffisante, s'ils n'étaient au préalable injectés, soit avec une solution de bleu de Prusse, soit avec du vermillon. Le liquide pénétrant dans les artères capillaires y remplace le sang qui se corromprait rapidement, et agit comme préservatif.

5. *Injection de poumon de crapaud.* — Même remarque pour la préparation que sur le sujet précédent. Le poumon est enveloppé dans une m mbrane séreuse, la plèvre; il se compose d'une multitude de petites cellules ou vésicules dans les parois desquelles existe un riche réseau capillaire; chacune de ces petites vésicules reçoit un conduit aérien; ces conduits se réunissent en branches de plus en plus grosses, veinées; ces branches débouchent dans la trachée-artère. La photographie montre sur le fond du tissu cellulaire très-ténu le réseau des capillaires.

6. *Puceron du poirier* (*Tingris piri*). — C'est ce puceron qui dévore les jeunes fleurs du poirier au printemps. Cet Orthoptère offre un exemple de la disparité des reproductions photomicrographiques. Les ailes sont nettement perceptibles, tandis que le corps n'est accusé que par son contour. La teinte jaunâtre et le peu de transparence, malgré l'imbibition prolongée dans l'acide, a produit ce contraste. Les parties plus ténues, telles que les pattes, sont exemptes de cet inconvénient.

7. *Larve du puceron du poirier* (*Tingris piri*). — Ces orthoptères ont des métamorphoses incomplètes. Le larve

ne diffère de l'insecte parfait que par l'absence d'ailes. Le corps, beaucoup moins avancé dans son développement, ne présente pas l'inconvénient inhérent à l'insecte parfait, il est plus perméable à la lumière, et les caractères principaux se discernent plus catégoriquement. La tête munie de ses appendices cornus est plus visible que dans le cas précédent.

8. *Aile du même puceron.* — Ce détail montre l'aile membraneuse avec toutes ses nervures. Quelques endroits offrent des taches noirâtres informes produites par une épaisseur plus forte de la membrane, par conséquent plus colorée en jaune. Quelques ramifications fibreuses indéterminées n'ont pas la netteté des autres; cela provient de la différence de niveau ; les unes ont pu être saisies entièrement dans le plan de l'objectif, les images des autres ne se sont pas formées. Remarquez la constitution du réseau fibreux qui sert de charpente à la membrane trop translucide pour être vue à travers ces interstices : quoiqu'irrégulier, il offre à la bordure une certaine symétrie dans sa disposition ; le reste est subordonné aux exigences de la ramification avec les nervures principales.

9. *Thrips des fleurs.* — Insecte remarquable par le peu d'importance de ses ailes, peu en rapport avec son corps, et l'exiguité de ses pattes. On voit franchement accusées les antennes et les mandibules, quoique l'opacité du corps et du thorax soit un obstacle à la perception distincte de l'intérieur.

10. *Larve d'Hémiptère.* — Les Hémiptères présentent

des métamorphoses incomplètes, comme les lépidoptères ou papillons. Les pattes apparaissent sur l'épreuve à l'état rudimentaire, et leur nombre déjà visible restera le même pendant toute la période du développement subséquent. La tête et les mandibules sont déjà presque complètes. Les anneaux qui composent le corps sont fortement accentués.

11. *Trompe d'abeille.* — C'est avec cet organe de préhension que les abeilles vont puiser dans le calice des fleurs les sucs qu'elles convertissent en miel. Il est garni de poils qui font fonction de brosses autour de la trompe qui est très-flexible. A l'extrémité, une sorte de spatule sert de ventouse ou de suçoir ; elle est dépendante d'un vaisseau intérieur qui produit l'aspiration.

12. *Patte d'abeille.* — L'extrémité est garnie de deux organes distincts : 1° deux crochets qui, se rapprochant comme les pinces des crabes, peuvent s'attacher aux aspérités des plantes ; 2° d'une ventouse qui leur permet d'adhérer aux surfaces lisses sur lesquelles les crochets n'auraient pas de prise. Suivant les cas, un organe se contracte pour ne pas gêner l'autre dans sa fonction. L'action combinée des appareils doubles des pattes et de la trompe donne aux abeilles la faculté connue de se grouper les unes sur les autres en grappes adhérentes.

13. *Aiguillon d'abeille.*

14. *Patte de la mouche commune* (*Musca domestica*). — Plus petite que celle de l'abeille, sa terminaison est la même ; elle est munie des mêmes appendices. C'est

avec cette petite ventouse que les mouches ont la faculté de marcher sur les glaces et autre surfaces verticales et unies, où leurs crochets ne pourraient pas trouver d'adhérence. On a cru à un moment qu'elles sécrétaient dans cette cavité un liquide gluant au moyen duquel elles collaient leurs pattes aux surfaces sans aucune aspérité; mais le défaut de traces apparentes après leur passage a détruit ce raisonnement.

15. *Fragment d'aile de la mouche commune.* — La constitution de l'aile de la mouche se compose d'une membrane très-mince en même temps que très-résistante; elle est tendue sur une sorte de charpente ferme, représentée par les nervures, qui s'étalent dans différentes directions pour procurer la plus grande solidité possible. La membrane est revêtue de poils ou petites pointes multipliées, inclinées dans la même direction descendante. La membrane de l'aile résiste à l'action des acides.

16. *Partie d'aile de mouche détaillée.* — Les poils sont rendus plus saillants; il est à remarquer que leur répartition est loin d'être régulière et leur direction uniforme. Près des nervures, ils forment une arête sensible, et dans les milieux uniquement membraneux, ils sont répartis en sillons longitudinaux, parallèles aux nervures. Sur quelques points, ils sont dirigés dans le sens des courbures de la membrane; c'est même le seul indice qui permette de juger de ces ondulations, qui autrement seraient invisibles sans le microscope.

17. *Intestins de mouche.* — La délicatesse exigée par ce

genre de préparation exclut une dissection détaillée. Elle permet cependant de voir distinctement les vaisseaux trachéens avec leur ramifications, leurs soudures et quelques intestins. Une partie du système respiratoire est jointe au mécanisme de la digestion.

18. *Tête et bouche de la mouche.* — Préparation entomologique montrant l'appendice qui garnit la tête de la mouche. Elle est composée d'un remarquable réseau de vaisseaux tubulés et de poils symétriquement disposés. L'opacité et l'applatissement des parties postérieures forment obstacle à la perception des organes de la tête proprement dits.

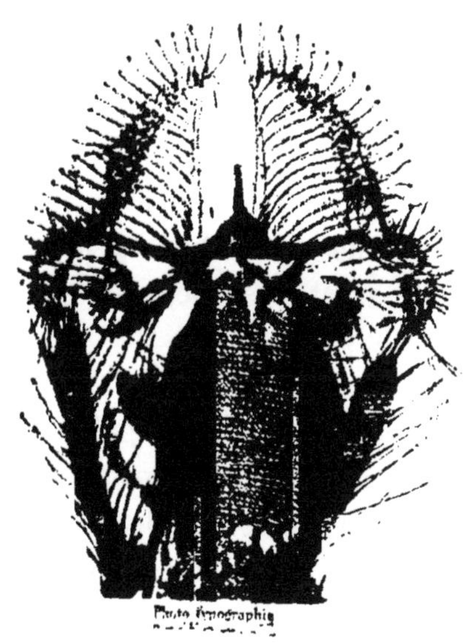

Fig. 8. — Bouche de mouche commune (*Musca domestica*).

19. *Tête et bouche de la mouche.* — Grossissement plus

fort, montrant les spirales dont les vaisseaux tubulés sont formés.

20. *Aile entière de mouche.* — Une amplification de 30 à 40 diamètres est très-suffisante pour montrer le système complet des nervures qui constituent la membrane. Leurs ramifications sont de plus en plus resserrées à mesure qu'elle se rapprochent de l'articulation. Les poils qui la revêtent sont presque invisibles ; leur multiplicité, sans être définie, forme par la ponctuation une teinte générale sur toute la surface de la membrane.

21. *Antennes de la mouche.* — Les parties opaques n'ont pu donner qu'une silhouette. Les deux antennes seules, avec leurs plumules, sortent de chaque côté; ces plumules sont fort délicates ; sous un grossissement plus fort on les verrait elles-mêmes encore ramifiées.

22. *Polyxène lagure.* — Sorte de larve dépouillée de son enveloppe qui a une ressemblance prononcée avec les myriapodes. Elle n'est pas encore arrivée à l'état parfait.

23. *Punaise commune.* — La préparation rend l'épreuve très-transparente; on distingue aisément les détails du corps, les articulations et les poils qui recouvrent les pattes et le thorax; la tête est armée d'un appareil perforateur en forme de trompe.

24. *Puce* (*Pulex irritans*). — Remarquez la constitution de cet insecte nuisible, si commun : les pattes sont toutes à la partie antérieure du corps, tandis que la partie pos-

térieure en est privée. Cette répartition inégale lui donne la faculté de sauter, en s'appuyant sur ses longues pattes de devant, tandis que l'extrémité postérieure du corps, qui fait bascule, forme ressort par son poids au moment où celle ci s'élance. La tête est garnie d'un perforateur très-petit, mais très-résistant, ici caché par les pattes qui prennent naissance sous la tête même.

25. *Pou de tête* (*Pediculus capitis*). — Les six pattes qui sont attachées au thorax sont garnies à leurs extrémités d'ongles très-pointus, qui servent à l'animal pour se fixer. A l'extrémité il existe un ongle recourbé mobile exerçant une pression sur un autre plus petit et fixe. La coloration jaunâtre du corps donne lieu en photographie à des taches noires qui dénaturent le caractère. Le corps est revêtu d'une enveloppe membraneuse avec des poils.

26. *Parasite du mouton* (*Malophagus ovinus*). — Cet insecte vit uniquement sur le mouton. Il se nourrit de sa propre substance, comme d'autres parasites le font chez beaucoup d'autres animaux. La tête est détachée, les yeux à facettes sont saillants, la bouche est garnie de deux fortes mandibules poilues. Les poils s'étendent du reste sur toute la surface du corps; sur le thorax, ils sont plus proéminents. L'épreuve photographique est combinée pour mettre en évidence tous les caractères.

27. *Parasite du mouton* (id.). — Autre nature de préparation: Le thorax est plus opaque. L'extrémité du corps accuse nettement les pilosités dont il est garni. On voit sur le pourtour des taches ou ouvertures qui ne figurent pas dans l'autre sujet.

28. *Pou de cheval* (*Tricodecte*). — Insecte remarquable par la petitesse de ses pattes peu proportionnées à son corps volumineux. Elles sont garnies de crochets comme celles des autres parasites. Le thorax où elles sont emmanchées est également très-peu développé. Le corselet l'est au contraire démesurément. La tête est épaisse, sans détails accusés. Ce parasite se fixe sur l'épiderme du cheval.

29. *Parasite de la Chauve-souris* (*Nictérinia bi-articulata*). — Sa constitution est toute contraire à celle du précédent; les pattes sont démesurément fortes relativement aux proportions du corps. Elles sont remarquables par la disposition des crochets qui sont emmanchés au bout d'un appendice fibreux, prolongement de la patte, ce qui les fait paraître indépendants. La tête est petite et renfoncée dans le thorax.

30. *Parasite de la chauve-souris* (d°). — Préparation d'une nature différente. Elle offre les mêmes caractères; les appendices des pattes sont plus sensibles; le ligament fibreux qui précède les crochets apparaît annelé. Le corselet est pourvu de poils.

31. *Parasite du serpent boa* (*Iodex Gervaisii*). — La famille si nombreuse des parasites s'étend à toutes les classes d'animaux; elle prend possession de l'épiderme des mammifères, comme de celui des reptiles. L'aspect géneral de ces insectes qui ne peuvent vivre qu'au détriment d'animaux de plus grande taille, a les mêmes caractères dans ses principales acceptions; les détails seuls changent.

32. *Parasite* (*Tricocephalus crenatus*). — La partie antérieure du corps paraît ici très-épaisse, elle contient des anneaux qui forment l'unique appareil digestif. La partie postérieure, qu'on peut considérer comme la queue est, au contraire, plus déliée et roulée en spirale.

Fig. 9. — Anguillules de la colle de pâte représentées sous des grossissements variés, pour mettre en évidence les phases de formation.

33. *Anguillules de la colle de pâte.* — Quand on laisse fermenter de la colle de pâte quelque jours dans une température douce et humide, elle donne naissance à des anguillules par le fait de la corruption. Elles sont d'abord fines comme une pointe d'aiguille, puis finissent par être suffisamment grosses pour être perceptibles à l'œil nu; leur défaut de fermeté est cause qu'elles se replient facilement, formant des nœuds, comme on le voit dans la photographie. Examinées sous un plus fort grossissement, on distingue facilement les petites anguillules logées dans l'intérieur des plus grosses.

34. *Chelifer cancroïdes.* — Cet insecte est remarquable par l'énorme proportion de ses pinces-mandibules ; elles sont plus longues que le corps et les pattes paraissent à côté bien insignifiantes. La proportion relativement grande de ces pinces articulées semble indiquer que toute l'énergie de l'insecte est portée sur ces membres.

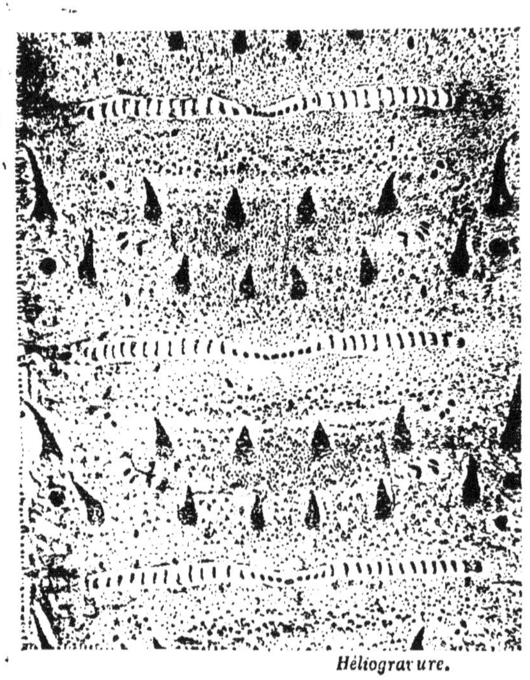

Héliogravure.

Fig. 10. — Épiderme d'une larve de Tipule.

35. *Epiderme de la larve de la Tipule.* — La Tipule est un insecte qui éclôt au mois de mai dans l'eau des rivières et voltige aussitôt après sa naissance. Elle sert d'appât à une pêche spéciale. La photographie de la peau de son large abdomen est curieuse par la régularité avec laquell sont réparties certaines protubérances cornues, disposées à la surface extérieure de l'épiderme.

36. *Epiderme de la larve de la Tipule plus grossie.* — Cet épiderme se prêtant aisément à la compression, sans subir de détérioration, peut subir une amplification plus forte sans exclure la vision nette. On distingue la ponctuation placée entre les protubérances cornues perforées de stomates, on voit aussi la répartition des saillies épidermiques.

37. *Trachée du Ver à soie.* — Il existe chez ces vers un appareil vasculaire ; il est clos, composé de vaisseaux disposés longitudinalement le long du corps, et reliés entre eux par quelques branches transversales. Il n y a pas de cœur, mais les parois des vaisseaux sont contractiles, et mettent ainsi le sang en mouvement. Les vaisseaux striés sont représentés de différentes grandeurs plusieurs, parmi ceux qui convergent au noyau central, se subdivisent en ramifications, à peu de distance de leur point de départ.

38. *Aile de papillon* (*Zygena Alexis*). — Pour obtenir une impression, on dépose une aile de papillon sur le porte-objet et l'on exerce une légère pression. Les plumules se déposent dessus et sont visibles par transparence ; ce qui n'existerait pas autrement, à cause de la membrane qui les porte. Ces écailles ou plumules sont disposées symétriquement par rangées. Les unes sont presque incolores, les autres ont une teinte foncée qui se traduit en noir opaque dans la photographie. Cette agglomération de plumules teintées forme les tons chatoyants que l'on remarque sur l'aile des papillons. Ces organes si délicats, plus fortement grossis, présentent une texture striée.

39. *Fragment de la langue du Limaçon terrestre.* — Le

palais et la langue du Limaçon sont constitués de façon qu'il puisse ronger facilement les feuilles ou fruits qui lui servent de nourriture. Il y a d'abord un réseau de stries parallèles entre elles, un peu inclinées vers une ligne médiane. Cette disposition présente une certaine analogie avec une lime ou râpe. L'appareil est complété par les aspérités dentelées et pointues, alignées le long de toutes ces stries; avec un grossissement un peu fort, on voit nettement leur forme aiguë. Les matières végétales ainsi réduites à l'état de pulpe par l'insecte, sont toutes préparées pour la digestion.

40. *Coquillage* (*Cyclostoma patulum*). — La sonde ramène du fond de la mer une multitude de coquillages et de Foraminifères aux formes curieuses. Un grand nombre seraient invisibles sans le secours du microscope. Leur reproduction photographique est contrariée par le relief, l'épaisseur et l'opacité, qui empêchent de mettre exactement l'objectif au foyer ; l'éclairage ne pouvant se faire directement par transparence, on est obligé de condenser les rayons solaires dessus au moyen d'une lentille. L'incidence ménagée des ombres concourt à rehausser l'effet des saillies et les contours du coquillage.

41. *Écaille de sole.* — Dans les écailles de poisson qui se superposent les unes sur les autres, la partie recouverte est différente de celle qui fait saillie. Ici elle est armée de piquants âpres au toucher, que l'on sent quand on passe la main dans le sens de la queue à la tête.

42. *Coupe transversale d'un piquant d'Oursin de mer* (*Echinus*). — Coupe remarquable par la régularité avec

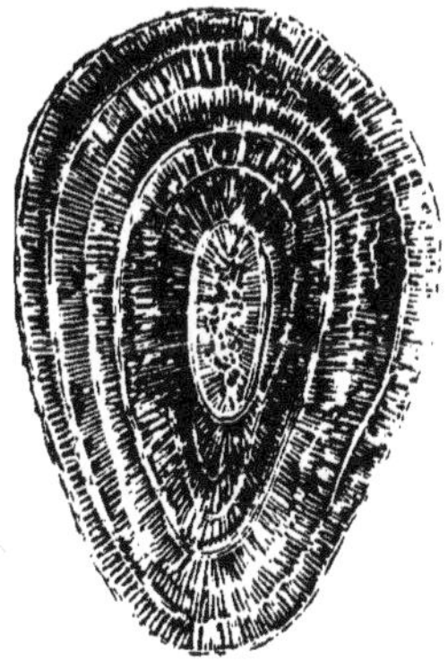

Fig. 11. — Coupe transversale d'un piquant d'oursin de mer (*Echinus*).

laquelle les cellules et les vaisseaux concentriques rayonnent vers le centre. L'extension est graduellement croissante, comme le serait le système ligneux d'une plante.

43. *Coupe transversale d'un second piquant d'Oursin de mer.* — Au lieu d'être tous régulièrement circulaires quelques piquants sont légèrement aplatis à leur base. Les zones suivent cette dépression sur tout le contour. Cette seconde coupe est plus amplifiée, et montre une organisation cellulaire différente de la précédente. Chaque période de croissance de cette partie annexe de l'animal semble limitée à l'espace d'une zone.

44. *Polypier.* — Les Polypiers se trouvent en grande quantité sur les rochers des côtes. Les ramules sont une suite d'articles emboîtés les uns dans les autres. Deux utricules qui en sortent représentent les organes reproducteurs.

45. 40 *sujets d'entomologie groupés en mosaïque.* — Cette épreuve résume toutes les précédentes. C'est un assemblage d'images photomicrographiques de divers objets, tirées sur papier, découpées et groupées ensuite sur un carton dans la disposition que l'on voit sur la figure. La plupart des insectes entiers y sont représentés réduits aux proportions qu'ils avaient isolément. En diminuant ainsi un tableau qui était plus de dix fois grand comme cette épreuve, on obtient une netteté en harmonie avec les exigences des projections.

46. Même sujet.

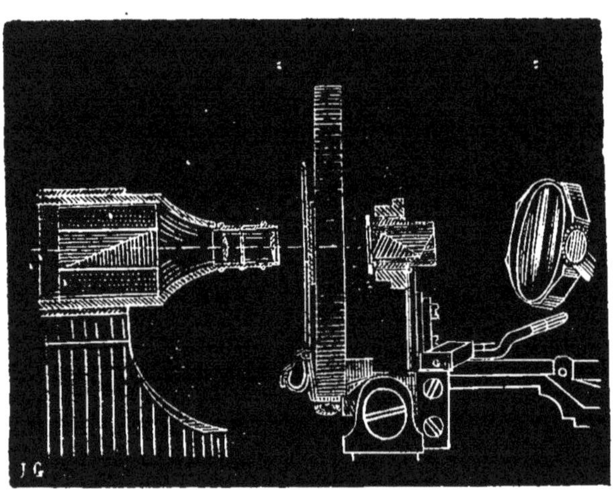

Fig. 21. — Disposition de l'appareil de polarisation microscopique adapté à la photographie.

III. — Structure intime de quelques cristaux.

47. *Cristallisation de l'acide Gallique* (lumière polarisée). — L'acide gallique est employé en photographie comme

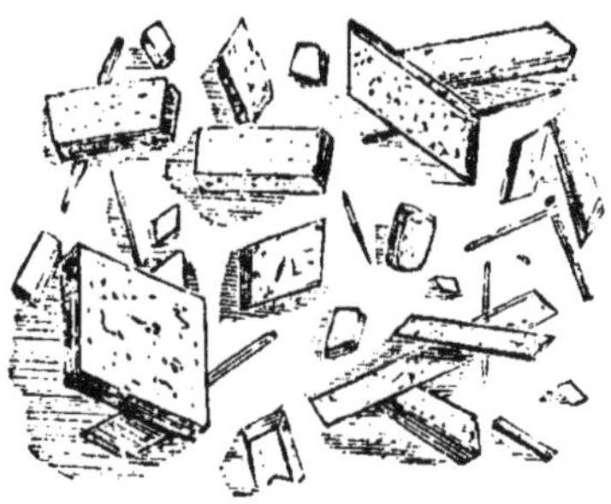

Fig. 13. — Cristaux de sulfate de cuivre vus à la lumière réfléchie.

révélateur pour faire apparaître l'image latente. Les cristaux blancs diaphanes seraient invisibles sur l'épreuve, si la lumière polarisée n'intervenait. Elle rend le fond noir et fait apparaître les cristaux lumineux, avec quelques lames colorées. Ils varient de grandeur suivant le degré de concentration de la lumière.

Fig. 14. — Cristaux de sulfate de cuivre vus à la lumière polarisée.

48. *Cristaux d'Asparagine.* — L'Asparagine est une substance que l'on extrait de l'asperge par distillation. Elle a un système cristallin bien déterminé et elle est très-sensible à la lumière polarisée. A première inspec-

Fig. 15. — Cristallisation de l'asparagine, aspect produit par la lumière polarisée.

tion, la cristallisation semble confuse, mais par un examen plus approfondi, on remarque que partout il se forme un point central; le rayonnement part de là et s'avance jusqu'à ce qu'ayant rencontré un autre centre semblable en voie de formation, il s'arrête, formant une ligne de démarcation.

49. *Cristaux de Cyanure de magnésium.*—Ces cristaux offrent dans leur état naturel des colorations rouges et jaunes, qui sont intraductibles et donnent dans quelques circonstances un aspect faux par la photographie. Ils sont reproduits avec l'aide de la lumière polarisée.

50. *Cristaux de salicine.*—Acide extrait du saule doué de facultés polarisantes très-remarquables, intraduisibles par la photographie. Quand cet acide se dessèche, il se forme un point central duquel émanent des rayons avec zônes concentriques, qui finissent par produire des bordures

périphériques non interrompues. D'autres parties ont un mode de cristallisation différent, s'accomplissant dans les lacunes intermédiaires.

Fig. 16. — Cristaux de sel marin (chlorure de sodium).

IV. — Objets microscopiques d'origine végétale.

1° Diatomées.

Les diatomées sont de petites plantes aquatiques ou algues microscopiques, formant une cellule générale unique, investie d'un épiderme siliceux ou silico-gélatineux. Elles abondent dans les eaux douces et salées, croissent en parasites sur d'autres plantes d'un ordre supérieur ou même sur de simples matières étrangères. Le micrographe s'y attache avec prédilection. Objet d'études fort intéressantes, elles sont d'une délicatesse infinie où se manifeste l'expression de la structure la plus parfaite des infiniments petits. Leur constitution se rapproche le plus souvent des formes géométriques régulières, aussi fournissent-elles de très-jolis sujets d'épreuves. Elles offrent

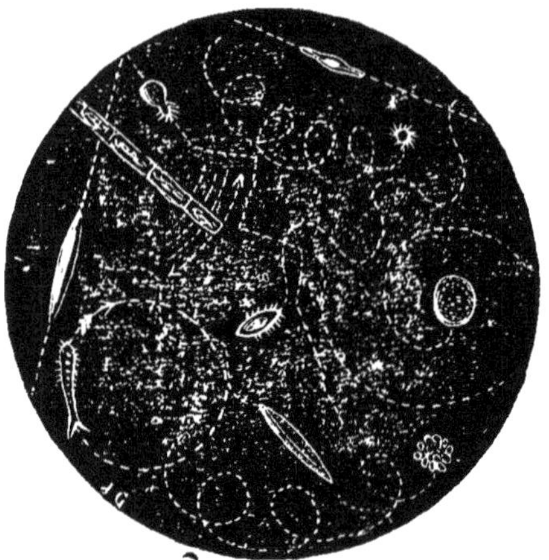

Fig. 17. — Motilité des diatomées et d'infusoires divers, d'après des épreuves photographiques instantanées.

des gradations d'obstacles divers dans l'expérimentation des objectifs, qui en font un sujet d'autant plus remarquable qu'elles peuvent supporter de forts grossissements. La surface se compose de stries, de ponctuations, de cellules invisibles, si l'on n'atteint pas les limites extrêmes de l'*amplification*.

Elles possèdent pendant quelque temps une certaine motilité qui les a fait souvent classer parmi les infusoires. Ces évolutions sont attribuées à un phénomène d'endosmose de l'endochrôme, substance qui en émane et destinée à la reproduction.

51. *Fragment de valve de Diatomée* (*Coscinodiscus*). — Cette diatomée appartient à la catégorie des Discoïdes ou diatomées rondes. L'épreuve n'est qu'une portion agrandie du centre : au milieu il existe quelques cellules trapézoïdales qui forment le noyau d'où partent des files de cellules hexagonales sur les bords, avec fond circu-

laire. Ces files vont directement du centre à la circonférence; mais d'autres files prennent naissance dans les espaces intersticiels, sans détruire l'harmonie et la régularité, grâce à la fusion des cellules à la rencontre de deux files rayonnantes. La surface est convexe, ce qui procure une plus grande netteté à la partie centrale, qu'à celles qui s'en éloignent.

52. *Coscinodiscus entier*. — Les cellules sont moins détaillées ; la convexité est plus sensible. Le sujet n'a qu'un dixième de millimètre de grandeur réelle, et contient 25 000 cellules, qui ont été facilement comptées sur une épreuve positive. La transparence trop grande des diatomées oblige d'employer la lumière oblique dans les photomicrographies, pour rendre le relief plus sensible.

53. *Coscinodiscus Centralis* (*autre épreuve avec éclairage centrique*). — Ces différentes épreuves d'un même sujet ont pour but de faire mieux étudier la structure organique des diatomées. Celle-ci met plus en évidence la déformation progressive des cellules suivant le plan de projection sur la face convexe du sujet.

54. *Exemple de trois grossissements gradués d'un Triceratium*. — Le plus petit n'indique qu'une masse avec son contour triangulaire, se distinguant à peine des matières amorphes qui l'environnent. Celui du milieu dessine plus nettement les cellules, quoique la convexité produise une certaine opacité sur l'épreuve, et que celles de la périphérie soient déformées. Le spécimen le plus grossi accuse la limite extrême que l'objectif a permis d'atteindre. Les cellules sont toutes visibles. Sur la partie médiane on voit dans les méats intercellulaires des ponctuations qui résultent des interférences.

55. *Melosira arenaria.* — Fossiles ayant quelques points de rapprochements avec les diatomées. On remarque des fragments d'enveloppe tubulaire composée d'anneaux reliés ensemble, dans lesquels se trouvait probablement un ver vivant. Un certain nombre de ces anneaux sont détachés et se dessinent sous forme de petits cercles indépendants.

56. *Amphitetras vu à trois grossissements différents.* — Cette diatomée présente la particularité d'une surface ondulée symétrique : le centre offre une protubérance qui subit d'abord une inflexion annulaire, et se reforme ensuite concentriquement. Les cellules modifiées montrent diverses combinaisons, parce que les unes sont projetées sur un plan horizontal, tandis que les autres sont inclinées. Cet effet est sensible sur chaque épreuve considérée séparément.

57. *Test diatomique groupé par Moëller.* — Un habile préparateur de diatomées, M. Moëller, de Weddel, a imaginé de mettre à contribution celles qui sont reconnues comme étant les meilleurs *objets d'épreuve* (test). Il a groupé sur une seule et même lamelle de verre, en plusieurs lignes successives, des diatomées graduées selon la difficulté qu'elles offrent à la résolution optique. Les premières sont les plus aisées à reconnaître ; les dernières, qui deviennent très-subtiles, demandent un bon objectif pour être nettement discernées. Ces *proben-plate* en contiennent un nombre variable ; celle-ci en a 80. M. Moeller en a exécuté une qui en contenait 700.

58. *Diatomées groupées symétriquement.* — Le mérite de cette préparation réside dans la disposition qui lui a été donnée. Chaque sujet, par lui-même invisible sans

le secours d'un fort grossissement, a été placé à l'endroit qu'il occupe avec une aiguille. Malgré toute la subtilité d'une pareille manipulation, le symétrie de la figure est régulièrement obtenue. Au centre, on a placé un Amphitétras, autour sont des Navicules, entourées d'une couronne d'Actynocyclus. Les quatre Discoïdes noirs sont des Coscinodiscus.

Fig. 18. — Diatomées groupées irrégulièrement : *Arachnoidiscus*, *Aulacodiscus*, *Heliopelta*, *Coscinodiscus*, *Triceratium*, etc.

59. *Diatomées groupées irrégulièrement* (1re épreuve). — Ces Diatomées appartiennent à la classe des Aréolées. En les réunissant ainsi dans un ensemble factice, on a l'avantage de les projeter toutes ensembles en une même fois, et de permettre ainsi la comparaison. Elles ont été d'abord tirées sur papier dans des dimensions très-supérieures à celles-ci, on les a collées ensuite sur un carton, et

elles ont été copiées à la chambre noire. Le tableau en montre douze de différentes grandeurs et formes.

60. *Diatomées groupées irrégulièrement* (2e Epreuve). — Même sujet avec disposition différente.

Fig. 19. — Exemple de corps siliceux préparé au baume de Canada. Ancre de *Synapta villata* séparé du pédicelle.

61. *Diatomees groupées irrégulièrement* (3e épreuve). — On remarque dans un angle des ancres de *Synapta villata*, groupées à la main. Ces corps siliceux se trouvent dans l'épiderme des Holothuries. Les ancres sont fixées sous un angle de 35 degrés dans le pédicelle qui les accompagne.

62. *Isthmia nervosa.* — On trouve ici un exemple de la constitution physiologique des diatomées; les protubérances sont nettement caractérisées par le fait de l'éclairage oblique. Elles sont très-bien définies dans le milieu, et deviennent confuses vers les parties périphériques. On voit même dans le milieu, à cause de la translucidité

de la silice gélatineuse de la diatomée, les naissances des protubérances sous-jacentes qui appartiennent à l'autre ace correspondante. Ce grossissement est très-fort.

Fig. 20. — Navicules d'eau douce.

63. *Navicula lyra.*— Elle sert d'objet d'épreuve « *test.* » Il est à remarquer que les stries qui rayonnent sur la valve sont composées de perles. Dans la partie la plus près de la ligne médiane, elles sont très-nettes, tandis que plus elles se rapprochent des bords, plus ces granulations se confondent en une seule file. Cela provient de la convexité de la surface qui ne peut-être reproduite simultanément dans des plans différents à cause du manque de profondeur des objectifs.

64. *Arachnoïdiscus Japonicus.* — Remarquons la régularité géométrique du système de rayonnement, dans un sujet qui est lui-même plus petit qu'une pointe d'aiguille. La forme circulaire est parfaite, les espaces entre les rayons sont remplis d'un tissu membraneux formant des cellules. Ces Discoïdes sont pendant leur croissance empilés à plat les uns sur les autres.

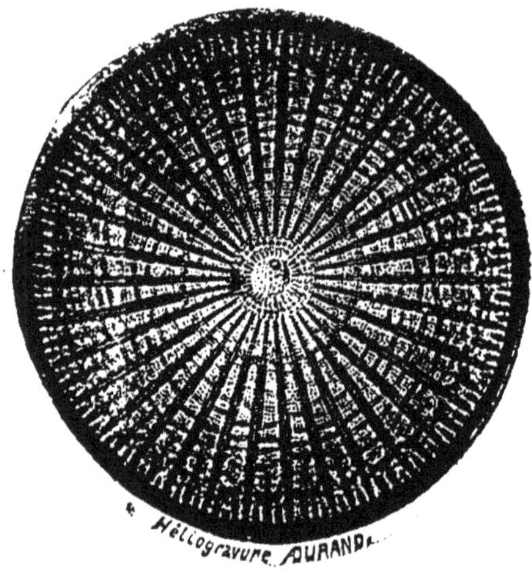

Fig. 21. — Diatomée discoïde : *Arachnoidiscus Japonicus.*

65. *Fragment de la valve du Pleurosigma-Angulatum.* — Cette diatomée a beaucoup exercé la patience des obser-

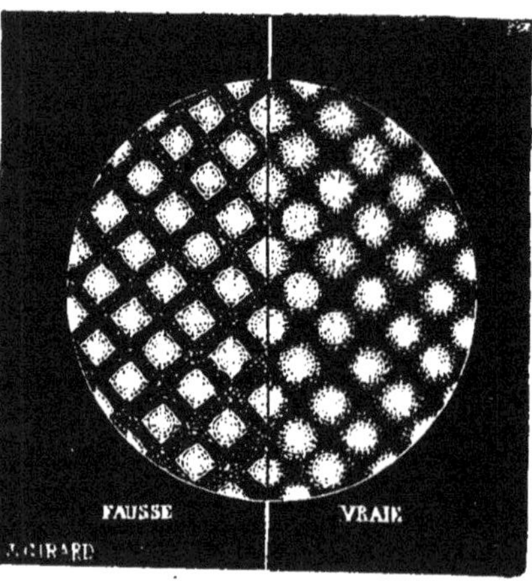

Fig. 22. — Indication des effets d'interférences dans la traduction photomicrographique : *Pleurosigma angulatum* employé comme *test-objet.*

vateurs comme épreuve, à cause des caractères de la structure organique de sa valve. Elle est presque passée l'état de type pour juger de la valeur des objectifs à fort grossissement. Tel qu'il est représenté, il est imparfaitement traduit, à cause de l'incidence des rayons lumineux qui interfèrent entre eux. Les hexagones qui forment des lignes parallèles, dans l'interprétation la plus commune, sont une illusion optique. Avec des lentilles grandement perfectionnées, on reconnait que la surface n'est en réalité couverte que de protubérances hémisphériques ou perles. Les ombres portées, qui s'étendent à la suite les unes des autres, donnent une apparence de stries ; erreur pardonnable quand on est obligé de se servir de lentilles qui n'ont qu'un tiers ou demi de millimètre en diamètre (n° 8, fig. 23).

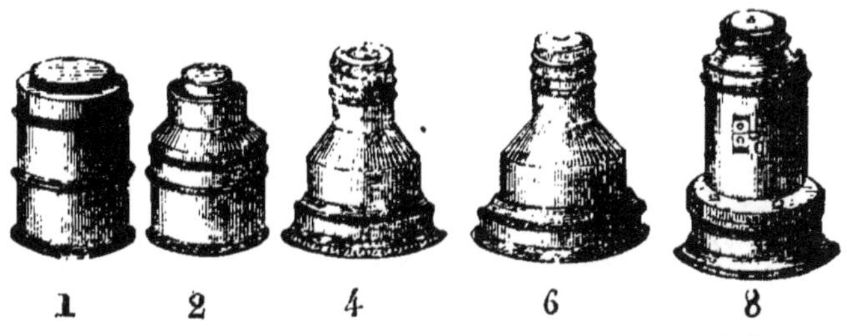

Fig 23. — Série graduée d'objectifs de numéros différents.

66. *Terre fossile de Bissex-Hill* (Barbades).—On a trouvé dans des couches géologiques de cette localité des amas considérables de ces Polycystines, comprenant plus de 150 espèces. Ces petits coquillages, qui tiennent e milieu entre les Diatomées et les Foraminifères, sont une preuve évidente du séjour des eaux de la mer sur les montagnes où on les a découverts. Leur opacité les rend impropres à la photographie ; on peut cependant juger

sur quelques sujets privilégiés, de la transparence et de la perfection de leur coquille. A l'état vivant, leur corps mou était renfermé dans cette carapace siliceuse, et l'extérieur était muni de cils ou pseudopodes.

67 et 68. *Terre fossile de Bissex-Hill* (Barbades). — Spécimens différents.

69. *Polycistines groupées en rose.* — Travail de patience dans lequel il a fallu choisir d'abord les espèces avec lesquelles chaque couronne est composée, et ensuite les placer suivant l'alignement. utant de couronnes, autant d'espèces.

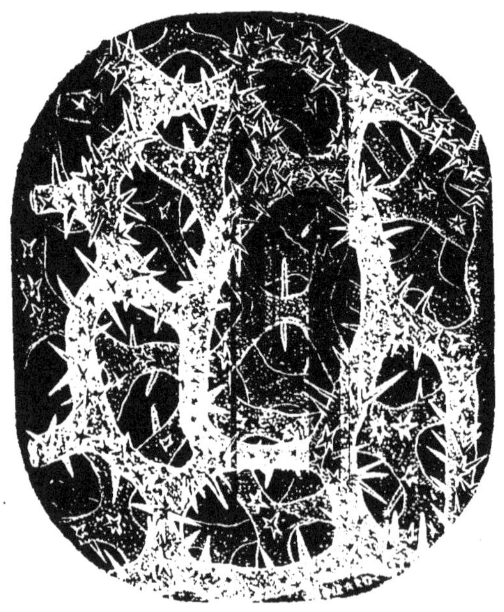

Fig. 24. — Coupe d'éponge montrant les ramifications couvertes des *spicules*.

70. *Fossiles de l'île Mors* (Jutland). — Cette terre con-

ient, ainsi que le montre la préparation, plutôt des Polycistines que des Diatomées. Dans cet échantillon il se trouve plus de 50 espèces de fossiles microscopiques, parmi lesquels on retrouve des espèces habitant principalement les mers intertropicales, qui ont probablement été apportées par les courants marins. On y voit aussi des spicules d'éponge. Ces étonnants corps reproducteurs des éponges sont fixés en quantité considérable sur toutes les ramifications (fig. 24).

71. *Terre fossile de Moron* (Espagne). — Préparation obtenue en lavant des sédiments vaseux dans lesquels les Diatomées avaient été déposées à une époque où les eaux couvraient cette localité. Les restes de plantes microscopiques qui ne peuvent vivre que dans l'eau sont une preuve évidente pour la géologie de la présence des eaux.

72. *Diatomées de l'Elbe* (*Cuxhaven*). — Cette épreuve fait bien ressortir la difficulté d'obtenir dans une seule et même image des sujets qui doivent être photographiés séparément. Les Discoïdes ne sont que des points noirs dont la texture est rendue invisible. Les tricératiums, au contraire, plus translucides, ont leur tissu cellulaire appréciable. Enfin d'autres diatomées, n'ayant pas subi un grossissement en rapport avec leur petitesse, qui les fasse voir distinctement, sont seulement indiquées par des points.

73. *Diatomées de l'Elbe* (*Cuxhaven*), — Même épreuve, moins détaillée.

74 *Arachnoïdiscus divers.* — Les arachnoïdiscus, qui offrent matière à si belles épreuves quand elles sont grossies au degré voulu, ne sont ici que des ronds noirs

à cause de l'opacité qu'elles manifestent sous une faible amplification ; les rayons ne sont pas perceptibles.

75. *Licmophora splendida.* — Diatomées représentées à l'état arborescent, telles qu'elles ont été trouvées dans leur état de croissance au sein de l'eau. La figure donne une idée exacte de leur formation. Elles viennent aux extrémités des ramules qui leur servent de pédicelle. Elles s'en dé-

Fig. 25. — Sujets divers contenus dans l'eau stagnante.

tachent à l'époque de la maturité, aptes alors à reproduire ensuite d'autres sujets semblables. Les taches régulières qui sont à l'extrémité des valves, s'épanouissant en forme d'éventail, sont « l'endochrôme »; matière granuleuse, très-déliée, qui est en quelque sorte la graine donnant naissance à d'autres Diatomées. Certaines Diatomées, telles que celle-ci, ont été imprégnées de substances colorantes, aniline ou fuchsine pour fournir à la lumière des tons photogéniques, et éviter la trop grande translucidité.

2e Structure intime des végétaux.

Le rôle principal du microscope dans l'étude des végétaux est de considérer les détails des organes des plantes, tels que tissu cellulaire, vaisseaux, organes floraux, etc. La plante est un être organisé composé de plusieurs parties remplissant chacune des fonctions particulières. Le microscope a révélé une foule de détails intimes sur la structure des plantes, qui établissent la manière dont se fait la vie végétale, la constitution organique, la circulation de la séve, la fonction des organes reproducteurs. Les végétaux varient à l'infini de forme, de texture; cependant, étudiés avec le secours du microscope, ils montrent des éléments anatomiques fondamentaux d'une surprenante simplicité ; ce qui n'est pas un des moindres sujets d'admiration due à la révélation microscopique.

76. *Coupe d'un grain de café grillé.* — Cette coupe, cependant très-mince, semble en réalité très-opaque, à cause du changement de coloration que la torréfaction fait subir au tissu cellulaire du café. Quelques cellules sont

vides, les autres contiennent dans les interstices une certaine matière amorphe.

77. *Fécule (Arrow-root).* — Tel qu'on l'extrait des diverses plantes, l'amidon ou fécule se présente à l'état de poudre blanche formé de grains forts petits. Ces grains ont simplement été mis en liberté par la déchirure, opérée en général mécaniquement, des cellules où ils s'étaient produits, et dans lesquelles ils étaient disposés avec ordre. Dans la composition chimique de cette matière entrent du carbone, de l'hydrogène, de l'oxygène, dans les mêmes proportions que dans la cellulose. Chaque plante féculifère a des grains d'amidon de différentes formes ; les grains de l'amidon de la pomme de terre ne sont pas les mêmes que ceux de l'amidon retiré des graines.

78. *Coupe tranversale de Poivrier noir.* — Les coupes de tiges sont en botanique utilisées pour faire l'examen anatomique des plantes. Au centre on voit la moelle, masse cellulaire qui restera toujours fixée dans l'axe de croissance de la tige; autour, existe une couche intermédiaire, dont la disposition est souvent curieuse au point de vue de l'examen microscopique à cause de la variété de constitution qu'elle offre. C'est la portion essentiellement productrice. La zone périphérique est la première assise d'une formation qui bientôt en aura plusieurs, elle forme l'enveloppe ou l'écorce.

79. *Même coupe. — Grossissement différent.*

80. *Coupe de l'arbre à cire (Myrica cerifera).* Cette arbuste, qui appartient aux régions intertropicales, montre une structure organique disposée pour la sécrétion

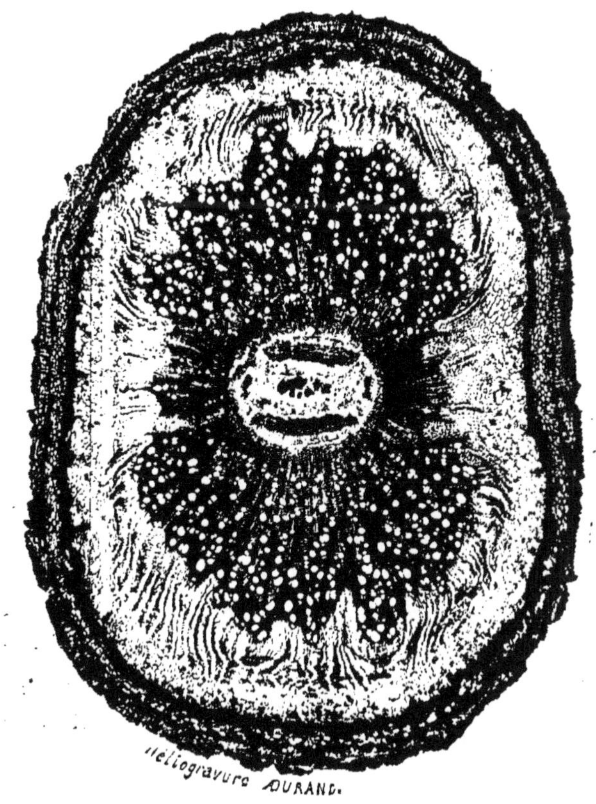

Fig. 26. — Coupe de tige de l'arbre à cire (*Myrica cerifera*).

d'une substance analogue à la cire. Elle se forme au centre de la moelle, où l'on voit deux masses cellulaires d'une teinte jaunâtre ; elle est ensuite sécrétée par des vaisseaux jusqu'à l'écorce, d'où elle s'échappe quand on pratique une incision.

84. *Demi-coupe de l'arbre à cire (Myrica cerifera).* — Elle a pour but de mettre mieux en évidence la couche ligneuse avec les vaisseaux qui l'accompagnent.

82. *Tissu cellulaire de la noix de coco.* — Ce tissu se compose de deux parties distinctes ; une masse cellulaire homogène formée de cellules groupées et adhérentes les unes aux autres, et de méats intercellulaires remplis de fibres très-minces qui, en coupe, semblent être de petits granules. Ils sont tombés de plusieurs méats ; quelques-uns seulement en ont conservé des fragments. Il est en outre à remarquer que les cellules qui aboutissent autour de ces vides se groupent symétriquement comme les claveaux d'une voûte en pierre.

83. *Coupe transversale de Chêne.* — La solidité du bois a sa raison dans la nature compacte de satexture ; plus elle est serrée, plus il est résistant ; le bois de chêne est justement apprécié dans la construction à cause de cette résistance. Quoique perforée de vaisseaux, la masse du tissu est composée de fibres très-rapprochées les unes des autres, au lieu d'être composé de cellules, comme dans les bois qui n'ont pas de consistance.

84. *Coupe de Sambucus nigra (Sureau commun).* — Ce détail d'une pousse d'un an révèle les organes des trois parties qui composent la tige, chacune nettement caractérisée : la moelle au centre, est un composé de cellules sphériques agglomérées les unes sur les autres. Le faisceau libérien, qui est beaucoup moins transparent, est formé principalement de fibres et de vaisseaux. Puis, autour, l'écorce offre un caractère plus indéterminé, elle est plus compacte que la moelle, mais moins fibreuse que le liber.

85. *Orme (Coupe d'Ulmus campestris suberosa).* — Le dé-

veloppement de la couche subéreuse est analogue à celui du liége. Elle gagne assez fortement en épaisseur pour former une matière remarquable à la fois par sa légèreté et son élasticité. L'écorce de cette variété d'orme a une certaine analogie avec celle du chêne-liége, quoique dans des proportions plus limitées.

86. *Coupe de Viburnum lantana.* — Cette plante offre une exception à la règle générale dans la structure de son écorce : il y a absence complète de fibres dans le liber. Elle reproduit en cela le fait observé chez plusieurs espèces de groseilliers. Quelques anatomistes prétendent que les fibres qui caractérisent la zone libérienne peuvent se trouver non-seulement dans l'écorce, mais encore dans le bois.

87. *Deux coupes : Lundia cordata et Platanus occidentalis.* — Deux constitutions opposées l'une à l'autre : la moelle est transparente dans l'une parce que le tissu cellulaire est peu compacte, tandis que dans l'autre, où elle est plus épaisse, elle se traduit par une opacité plus prononcée. Dans le platane on voit les rayons médullaires prendre naissance autour du polygone irrégulier formé de la moelle.

88. *Coupe transversale de Sapin.* — Les conifères n'offrent pas de vaisseaux dans leur intérieur. Le bois est formé exclusivement de fibres ou cellules allongées de prosenchyme, rangées presque toutes en une file longitudinale, sur les deux faces correspondantes aux rayons médullaires. Au sein de chaque couche annuelle ces fibres

ont des parois minces, avec contour à peu près carré, dans la portion plus interne qui s'est formée au printemps. Leurs parois sont au contraire de plus en plus épaisses, à mesure qu'elles sont situées plus près de la limite externe de la couche.

89. *Coupe transversale d'une tige de Maïs.* — Dans les graminées le parenchyme vraiment médullaire qui forme sans mélange la portion centrale de la tige finit par disparaître, et laisse à sa place une cavité tubulaire qui rend ces tiges fistuleuses. A chaque niveau où naît une feuille, il existe une cloison transversale ferme. La bande annulaire, qui se recouvre d'elle-même sur l'épreuve, est la coupe de la feuille un peu au-dessus du point où elle se détache de la tige. Du côté opposé à son recouvrement, dans une encoche pratiquée dans la tige, se trouve l'extrémité de la base de la feuille, la naissance de la feuille branchue.

90. *Différentes coupes d'un fétu de paille.* — Diverses tiges de chanvre coupées ont été introduites les une dans les autres. La structure de la tige ne présente ici que des faisceaux fibro-vasculaires épais qui se montrent de plus en plus gros, de la périphérie vers le centre. La cavité centrale est interrompue à chaque nœud par une cloison solide horizontale. Les ponctuations qui se trouvent réparties de distance en distance sont des faisceaux fibro-vasculaires qui ajoutent à la rigidité de la tige.

91. *Coupe de Cordyline congesta.* — Le Cordyline est un exemple d'exception dans la structure de la tige des Monocotylédons. Les bourgeons axillaires avortant généra-

lement, la tige reste simple comme dans le palmier; mais pour celui-ci il y a exception.

92 *Coupe de Goree malee (bois des Indes).* — Celui qui est rouge offre des caractères nettement tranchés de tissu fibreux, avec des vaisseaux. Quelques-uns sont divisés par des cloisons, s'étendant sur toute leur longueur. La moelle n'est presque pas visible; les vaisseaux pénètrent jusqu'au centre de la tige.

93. *Coupe transversale de Plectocomia elongata.* — Cette tige de monocotylédon est remarquable par la disposition en nœud des vaisceaux fibro-vasculaires. On ne trouve pas dans les monocotycolédonés les zones excentriques des dicotylédons; on ne voit qu'une zone corticale peu épaisse toute cellulaire, et à l'intérieur un corps ligneux sans moelle centrale nettement définie. Ce corps diffère lui-même sous tous les rapports de celui des dicotylédons. Il se montre composé de faisceaux épars que le tissu cellulaire interposé réunit en une masse ligneuse continue.

94. *Epiderme à poils de Deutzia gracilis.* — La structure des poils qui tapissent fréquemment l'épiderme de certaines plantes devient quelquefois assez irrégulière; leur forme se complique souvent de plusieurs branches qui portent elles-mêmes des poils. Celles du Deutzia sont à quatre, à cinq ou à un plus grand nombre de branches formant des étoiles. Elles adhèrent à l'épiderme au moyen d'un pédicule ou base.

95. *Poils de l'épiderme de l'Aralia papyrifera.* — Cette plante a une moelle qui, taillée en lames, est ce qu'on

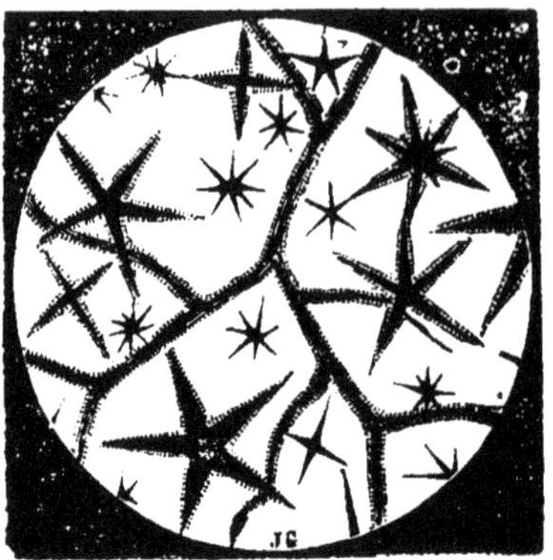

Fig. 27. — Poils étoilés d'un pétale du *Deutzia gracilis*.

appelle improprement le papier de Riz. Les poils rameux et rayonnés sont formés d'une seule cellule. Il suffit de râcler avec une feuille de papier la tige et les feuilles de cet arbre pour en avoir un grand nombre. L'épreuve montre quelques poils desséchés dont la pellicule cellulaire est déformée par suite d'absorption du liquide.

96. *Epiderme de prêle* (*Equisetum*). — Les cellules qui composent cet épiderme sont régulièrement disposées : Elles offrent des lignes doubles de « stomates » et de « nodules. » Les stomates sont de petits appareils envisagés d'une manière diverse par plusieurs botanistes. Ce sont des vides laissés dans le tissu épidermique du cuticule, multipliés à l'infini. Tantôt considérés comme glandes, tantôt comme destinées à la respiration végétale, elles jouent un rôle important dans les fonctions des feuilles.

97. *Epiderme inférieur d'une feuille de buis* (*Buxus Sempervirens*). — Les petites ponctuations qui le recouvrent

sont les stomates ; ici elles sont irrégulièrement réparties. Elles n'existent qu'à l'épiderme inférieur des feuilles : l'épiderme supérieur en est généralement privé. Leur grandeur n'est que de quelques centièmes de millimètre. Les cellules qui les composent sont intimement unies entre elles.

98. *Nervure de la feuille de buis.* — Les fibres et les vaisseaux qui sortent de la tige se séparent pour former des faisceaux qui constituent les nervures, et leur arrangement forme la nervation de la feuille. Elles se séparent en divergeant faiblement dès la base du limbe, se dirigent de là vers le sommet en restant droites et un peu arquées, également espacées entre elles à tous les niveaux, et émettant de leur côté de faibles ramifications. La nervure médiane ou la côte diminue d'épaisseur à mesure qu'elle s'approche du sommet. Les nervures s'en écartent et finissent par s'anastomoser et de là résulte le réseau de très-petites mailles ressemblant à de la dentelle fine.

99. *Pollen de Rose trémière.* — Le pollen est la poussière fécondante, qui se présente sur l'anthère. Les granules observées au microscope montrent chacun une organisation remarquable. Ceux de la rose trémière sont sphériques et sont armés de pointes tout autour. Chaque plante offre des grains de pollen différents, quoique la majorité incline vers la forme sphérique.

---

100. *Coupe d'agate.* — L'observation microscopique des minéraux demande au préalable un rôdage à l'émeri, et la division en lamelles minces des pierres qui offrent des

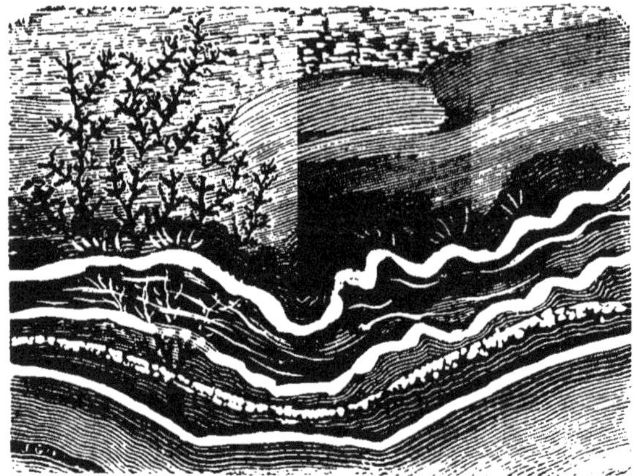

Fig. 28. — Agate avec arborescence réduite en lamelle par rodage.

caractères intéressants à examiner. L'agate présente des veines ou couches qui sont particulièrement remarquables par les tons que la coloration naturelle leur donne.

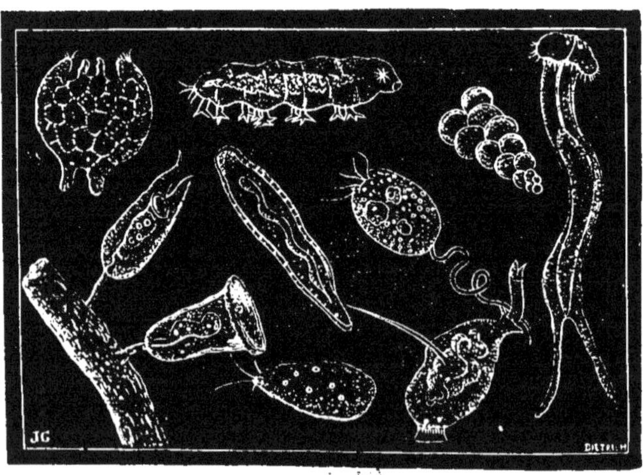

Fig. 29. — Infusoires divers, d'après des épreuves photographiques.

TABLE DES MATIÈRES

IV. — Objets microscopiques d'origine végétale. —

2° **Structure intime des végétaux.**

Paris. —Typ. Walder, rue Bonaparte, 44.

LIBRAIRIE SCIENTIFIQUE

DU JOURNAL

LES MONDES

11, rue Bernard-Palissy, à Paris.

Les ouvrages annoncés ci-dessous seront adressés *franco par la poste*, sans aug-
ıentation de prix, à toute personne qui en enverra le montant par *lettre affranchie*,
ı un mandat-poste ou en timbres.

LES MONDES

REVUE HEBDOMADAIRE DES SCIENCES

ET DE LEURS APPLICATIONS AUX ARTS ET A L'INDUSTRIE

Par M. l'Abbé MOIGNO

'araissant tous les Jeudis, par liv. de 48 pages gr. in-8°, fig. interc. dans le texte, et formant chaque année 3 forts vol. de près de 800 pages.

10e ANNÉE

Prix des Abonnements pour un an :

PARIS	25 fr.	ÉTRANGER	32 fr.
DÉPARTEMENTS	30 fr.	PAYS D'OUTRE-MER	45 fr.

La collection complète depuis son origine, janvier 1863, jusqu'au 31 décembre 871, 9 années complètes. — 26 vol. grand in-8°, avec figures, brochés, prix : .00 fr. Chaque année, composée de 3 vol., se vend séparément 25 fr. (à l'exeption de la 8e année qui n'a que 2 vol., et dont le prix n'est que de 17 fr.).

:OSMOS, revue encyclopédique hebdomadaire du progrès des sciences et de leur application aux arts et à l'industrie, par M. l'abbé Moigno. — Depuis son origine, juillet 1852, jusqu'au 31 décembre 1862, 21 vol. grand in-8°, **brochés : 125 fr.**

ACTUALITÉS SCIENTIFIQUES
PUBLIÉES PAR M. L'ABBÉ MOIGNO.

PREMIÈRE SÉRIE

I. SUR LA RADIATION, par M. John Tyndall, traduit de l'angla
Brochure in-18 jésus. 1 fr.

II. SUR LA FORCE DE COMBINAISON DES ATOMES, par M. A.-
Hofmann; traduit de l'anglais, avec un aperçu de philosophie chimiqu
In-18 jésus.. 1 fr.

III. ANALYSE SPECTRALE DES CORPS CÉLESTES, par M. Willia
Huggins, traduit de l'anglais. In-18 jésus. 1 fr.

IV. LA CALORESCENCE — INFLUENCE DES COULEURS ET DE L
CONDITION MÉCANIQUE SUR LA CHALEUR RAYONNANT
par M. John Tyndall, traduit de l'anglais. In-18 jésus. 1 fr.

V. LA FORCE ET LA MATIÈRE. — LA FORCE. — DEUX CONF
RENCES de M. Tyndall, traduites de l'anglais, avec appendice s
la nature et la constitution intime de la matière. In-18 jésus. 1 fr.

VI. LES ÉCLAIRAGES MODERNES. Conférences de M. l'Abbé Moigno.
Éclairage aux huiles et essences de pétrole. — Éclairage au magn
sium. — Éclairage au gaz oxhydrogène. — Eclairage à la lumiè
électrique. — Régulateur de la pression du gaz. — In-18 jésus. 2 f

VII. SEPT LEÇONS DE PHYSIQUE GÉNÉRALE, par Augustin Cauch
avec un appendice sur les rapports de la science avec la fo
In-18. 1 fr.

VIII. PHYSIQUE MOLÉCULAIRE. Ses conquêtes, ses phénomènes et s
applications. In-18 jésus. 2 fr.

IX. SIX LEÇONS SUR LE CHAUD ET LE FROID, faites à un jeune a
ditoire pendant les vacances de Noël, par M. J. Tyndall, traduites
l'anglais. In-18 jésus. 2 f

X. FARADAY INVENTEUR, par M. John Tyndall, traduit de l'anglai
In-18 jésus. 2 fr

XI. SACCHARIMÉTRIE OPTIQUE, CHIMIQUE ET MELASSIMÉTRIQU
in-18 jésus. 3 fr. 5

XII. MELANGES DE PHYSIQUE ET DE CHIMIE PURES ET APPLI
QUÉES. In-18 jésus. 3 fr. 5

XIII. SCIENCE ANGLAISE. Son bilan en août 1868. Réunion de Norwich
In-18 jésus. 2 fr. 5

XIV. SCIENCE ANGLAISE. Son bilan en 1869. Réunion à Exeter de l'Asso
ciation britannique pour l'avancement des sciences. in-18 jésus
416 pages. 3 fr. 5

XV. LES ALIMENTS, quatre Conférences faites à la Société des Arts
Londres, par M. le docteur Letheby, traduites de l'anglais. In-
jésus. 3 fr

XVI. ESQUISSE HISTORIQUE DE LA THÉORIE DYNAMIQUE DE LA CHALEUR, par M. Peter Guthrie Tait, professeur à l'Université d'Edimbourg. Traduite de l anglais. Un vol. in-18 jésus, 3 fr. 50.

XVII. CONSTITUTION DE LA MATIÈRE et ses mouvements, nature et cause de la pesanteur, par le P. Leray, de la congrégation des Eudistes, avec une préface par M. l'abbé Moigno. In-18 jésus, orné de figures, 2 fr.

XVIII. THÉORIE DU VÉLOCIPÈDE. — SUR LES LOIS DE L'ÉCOULEMENT DE LA VAPEUR, par M. Macquorn Rankine, professeur à l'Université de Glascow. Traduction par M. J.-B. Viollet, revue par M. l'abbé Moigno. Br. in-18 jésus. 1 fr. 25

XIX. LES MÉTAMORPHOSES CHIMIQUES DU CARBONE. Leçons faites à un jeune auditoire dans Royal-Institution, par M. William Odling. In-18 jésus. 2 fr.

XX. GÉOLOGIE DES ALPES ET DU TUNNEL DES ALPES, par M. Elie de Beaumont. *Nouvelles observations géologiques sur les roches anthracifères des Alpes*, par M. Sismonda, traduit de l'italien par M. l'abbé Moigno. Un volume in-18 jésus, orné d'une carte géologique du Tunnel des Alpes. 2 fr.

XXI. LES PHÉNOMÈNES ET LES THÉORIES ÉLECTRIQUES, programme d'un cours en sept leçons, par M. le professeur Tyndall, traduit de l'anglais. In-18 jésus. 1 fr. 50

XXII. LA LUMIÈRE, notes d'un cours de neuf lecons. — Sur le Rôle scientifique de l'Imagination, par M. John Tyndall, professeur à Royal-Institution, traduit de l'anglais par M. l'abbé Raillard, revu par M. l'abbé Moigno, accompagné d'un Appendice sur l'arc-en-ciel, par M. l'abbé Raillard. In-18 jésus de 184 pages. 2 fr.

XXIII. RECHERCHES SUR LES AGENTS EXPLOSIFS MODERNES et sur leurs applications récentes, recueillies et résumées par M. l'abbé Moigno. In-18 jésus de 144 pages. 2 fr.

XXIV. RELIGION ET PATRIE vengées de la fausse science et de l'envie haineuse, par M. l'abbé Moigno. In-18 jésus de 144 pages. 1 fr. 50

XXV. ÉLÉMENTS DE THERMODYNAMIQUE, par J. Moutier, ancien élève de l'Ecole polytechnique. In-18 jésus. 2 fr. 50

DEUXIÈME SÉRIE

COURS DE SCIENCE ILLUSTRÉE

I. L'ART DES PROJECTIONS, par M. l'abbé Moigno. Avec 103 figures interc. dans le texte. In-18 jésus. 2 fr. 50

II. LA PHOTOMICROGRAPHIE en 100 tableaux pour projection, texte explicatif, par M. Jules Girard. In-18 jésus. fr. 50

LEÇONS DE MÉCANIQUE ANALYTIQUE, rédigées principalement d'aprè les méthodes d'Augustin Cauchy et étendues aux travaux les plus récents par M. l'abbé Moigno. — *Statique.* — Un fort vol. in-8°, avec fig. 12 fr

PRINCIPES FONDAMENTAUX D'APRÈS LESQUELS DOIVENT SE RÉSOUDRE AU MOMENT PRÉSENT LES DEUX GRANDES QUESTIONS : 1° Des rapports de l'Eglise et de l'État; 2° de la liberté de l'organisation de l'enseignement, par M. l'abbé Moigno. In-8°, br. 1 fr. 5

LE SON, par M. John Tyndall, professeur à l'Institution royale, tradui de l'anglais et augmenté d'un appendice par M. l'abbé Moigno. Un bea volume in-8, orné de 171 figures dans le texte. 7 fr

LA CLEF DE LA SCIENCE ou les phénomènes de tous les jours, par le docteur Brewer, traduit de l'anglais par M. l'abbé Moigno, 4e édition, revue corrigée et augmentée, 1 volume in-18 anglais, avec figures. 3 fr. 5

RECHERCHES SUR LES CAUSES ET LES LOIS DES MOUVEMENTS DE L'ATMOSPHÈRE, par le P. J. M. Sanna Solaro. — *Vents rectilignes.* — Un très-fort volume in-8. 9 fr

RECHERCHES SUR LES MEILLEURES CONDITIONS DE CONSTRUCTION DES ÉLECTRO-AIMANTS, par M. le comte Th. du Moncel. 1 vol in-8. 3 fr

LA THÉORIE GÉOGÉNIQUE et la science des anciens, par M. l'abbé Choyer chanoine honoraire d'Angers. 1 vol. in 8, broché. 2 fr

PHYSIONOMIE DE NOS CONTRÉES ET PARTICULIÈREMENT DU BASSIN DE PARIS avant et pendant la première apparition de l'homme par M. le docteur Eugène Robert. In 8. 1 fr

LA DIFFUSION de M. Jules Robert, fabricant de sucre à Gr. Seelowitz (Moravie, Autriche). Comptes rendus, rapports, communications, jugements, etc. relatifs à ce nouveau procédé d'extraction du jus de betteraves, recueillis par M. Joseph Adler, à Vienne (Autriche). Traduit de l'allemand. In-8. 3 fr. 50

Pour paraître en août 1872 :

LES SPLENDEURS DE LA FOI

ACCORD PARFAIT DE LA

RÉVÉLATION ET DE LA SCIENCE

DE LA

FOI ET DE LA RAISON

PAR

M. l'abbé MOIGNO

BEAU VOL. IN-8°.

TYPOGRAPHIE WALDER, RUE BONAPARTE, 44.

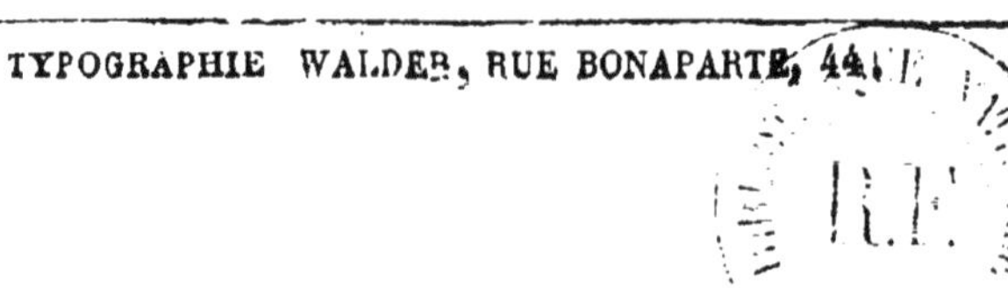

www.ingramcontent.com/pod-product-compliance
Ingram Content Group UK Ltd.
Pitfield, Milton Keynes, MK11 3LW, UK
UKHW020953180726
13838UKWH00003B/1297